LAS PARTES DE UNA PLANTA

TALLOS

Un libro de Las Raíces de Crabtree

ALICIA RODRIGUEZ

Traducción de Pablo de la Vega

CRABTREE
Publishing Company
www.crabtreebooks.com

Apoyos de la escuela a los hogares para cuidadores y maestros

Este libro ayuda a los niños en su desarrollo al permitirles practicar la lectura. Abajo están algunas preguntas guía para ayudar al lector a fortalecer sus habilidades de comprensión. En rojo hay algunas opciones de respuesta.

Antes de leer:

- ¿De qué pienso que trata este libro?
    - *Este libro es sobre los tallos de las plantas.*
    - *Este libro es sobre cómo son los tallos.*
- ¿Qué quiero aprender sobre este tema?
    - *Quiero aprender qué son los tallos.*
    - *Quiero aprender cómo son los tallos.*

Durante la lectura:

- Me pregunto por qué...
    - *Me pregunto por qué algunos tallos tienen corteza.*
    - *Me pregunto por qué algunos tallos son largos.*
- ¿Qué he aprendido hasta ahora?
    - *Aprendí que algunos tallos son comestibles.*
    - *Aprendí que algunos tallos son pequeños.*

Después de leer:

- ¿Qué detalles aprendí de este tema?
    - *Aprendí que los tallos pueden ser de diferentes tamaños y longitudes.*
    - *Aprendí que algunos tallos tienen espinas.*
- Lee el libro una vez más y busca las palabras del vocabulario.
    - *Veo la palabra **tallo** en la página 3 y la palabra **espinas** en la página 8. Las demás palabras del vocabulario están en la página 14.*

Este es un **tallo**.

Algunos tallos
son largos.

Algunos tallos son pequeños.

Algunos tallos
tienen **espinas**.

Algunos tallos tienen **corteza**.

¡Algunos tallos son comestibles!

Lista de palabras

Palabras de uso común

algunos
es
este
son
un

Palabras para conocer

corteza

espinas

tallo

24 palabras

Este es un **tallo**.

Algunos tallos son largos.

Algunos tallos son pequeños.

Algunos tallos tienen **espinas**.

Algunos tallos tienen **corteza**.

¡Algunos tallos son comestibles!

LAS PARTES DE UNA PLANT
TALLOS

Written by: Alicia Rodriguez
Designed by: Rhea Wallace
Series Development: James Earley
Proofreader: Ellen Rodger
Educational Consultant: Marie Lemke M.Ed.
Translation to Spanish: Pablo de la Vega
Spanish-language lay-out and proofread: Base Tres

Photographs:
Shutterstock: Aman K: cover; HTU: p. 1; T-Photo: p. 3, 14; MintImages: p. 5; S.O.E: p. 6-7; Daniela Mihaylova: p. 8, 14; bouybin: p. 11, 14; Toey Toey: p. 13

Library and Archives Canada Cataloguing in Publication

Title: Tallos / Alicia Rodriguez.
Other titles: Stems. Spanish
Names: Rodriguez, Alicia (Children's author), author. | Vega, Pablo de la, translator.
Description: Series statement: Las partes de una planta | Translation of: Stems. | Translation to Spanish: Pablo de la Vega. | "Un libro de las raíces de Crabtree". | Text in Spanish.
Identifiers: Canadiana (print) 20210210079 | Canadiana (ebook) 20210210087 | ISBN 9781427140999 (hardcover) | ISBN 9781427141057 (softcover) | ISBN 9781427140876 (HTML) | ISBN 9781427140937 (EPUB) | ISBN 9781427141118 (read-along ebook)
Subjects: LCSH: Stems (Botany)—Juvenile literature.
Classification: LCC QK646 .R6318 2022 | DDC j575.4—dc23

Library of Congress Cataloging-in-Publication Data

Names: Rodriguez, Alicia (Children's author), author.
Title: Tallos / Alicia Rodriguez.
Other titles: Stems. Spanish
Description: New York, NY : Crabtree Publishing, [2022] | Series: Las partes de una planta- un libro de las raíces de Crabtree | Includes index.
Identifiers: LCCN 2021020237 (print) | LCCN 2021020238 (ebook) | ISBN 9781427140999 (hardcover) | ISBN 9781427141057 (paperback) | ISBN 9781427140876 (ebook) | ISBN 9781427140937 (epub) | ISBN 9781427141118
Subjects: LCSH: Stems (Botany)--Juvenile literature. | Plants--Juvenile literature.
Classification: LCC QK646 .R6318 2022 (print) | LCC QK646 (ebook) | DDC 581.4/95--dc23
LC record available at https://lccn.loc.gov/2021020237
LC ebook record available at https://lccn.loc.gov/2021020238

Crabtree Publishing Company
www.crabtreebooks.com 1-800-387-7650

Printed in the U.S.A./062021/CG20210401

 In Canada: We acknowledge the financial support of the Government of Canada through the Canada Book Fund for our publishing activities.

Published in the United States
Crabtree Publishing
347 Fifth Avenue, Suite 1402-145
New York, NY, 10016

Published in Canada
Crabtree Publishing
616 Welland Ave.
St. Catharines, Ontario L2M 5V6